河南省工程建设标准

预拌混凝土和预拌砂浆厂（站）建设技术规程

Technical specification for plant construction of ready-mixed concrete and mortar

DBJ41/T 165—2016

主编单位：河南省建筑科学研究院有限公司
批准单位：河南省住房和城乡建设厅
施行日期：2017 年 1 月 1 日

黄河水利出版社

2016　郑　州

图书在版编目(CIP)数据

预拌混凝土和预拌砂浆厂(站)建设技术规程/河南省工程建设标准/河南省建筑科学研究院有限公司主编.—郑州:黄河水利出版社,2016.12

ISBN 978-7-5509-1670-8

Ⅰ.①预… Ⅱ.①河… Ⅲ.①预拌混凝土-技术操作规程-河南②水泥砂浆-技术操作规程-河南 Ⅳ.①TU528.52-65②TQ177.6-65

中国版本图书馆 CIP 数据核字(2016)第 319513 号

出 版 社:黄河水利出版社
　　　　　　地址:河南省郑州市顺河路黄委会综合楼 14 层　邮政编码:450003
发行单位:黄河水利出版社
　　　　　　发行部电话:0371-66026940、66020550、66028024、66022620(传真)
　　　　　　E-mail:hhslcbs@126.com
承印单位:河南承创印务有限公司
开本:850 mm×1 168 mm　1/32
印张:1.375
字数:35 千字　　　　　　　　　　印数:1—2 000
版次:2016 年 12 月第 1 版　　　　印次:2016 年 12 月第 1 次印刷

定价:32.00 元

河南省住房和城乡建设厅文件

豫建设标〔2016〕80号

河南省住房和城乡建设厅关于发布
河南省工程建设标准《预拌混凝土和预拌
砂浆厂（站）建设技术规程》的通知

各省辖市、省直管县(市)住房和城乡建设局(委)，郑州航空港经济综合实验区市政建设环保局，各有关单位：

由河南省建筑科学研究院有限公司主编的《预拌混凝土和预拌砂浆厂(站)建设技术规程》已通过评审，现批准为我省工程建设地方标准，编号为 DBJ41/T 165—2016，自 2017 年 1 月 1 日在我省施行。

此标准由河南省住房和城乡建设厅负责管理，技术解释由河南省建筑科学研究院有限公司负责。

河南省住房和城乡建设厅
2016 年 12 月 6 日

前　言

为贯彻落实国家《大气污染防治行动计划》和《河南省2016年度蓝天工程实施方案》,有效遏制和治理扬尘污染,改善大气环境质量,以及保证混凝土质量,满足节约资源和环境保护的要求,实现可持续发展。根据河南省住房和城乡建设厅关于专门制定一部针对预拌混凝土和预拌砂浆厂(站)建设规程的要求,规程编制组经深入调查研究,认真总结实践经验,并在广泛征求意见的基础上编制了本规程。

本规程共分为8章,主要内容为:1 总则;2 术语;3 基本规定;4 设计要求;5 建设要求;6 生产工艺设备设施;7 控制要求;8 监测控制。

本规程由河南省住房和城乡建设厅负责管理,由河南省建筑科学研究院有限公司负责具体内容的解释。执行过程中如有意见或建议,请寄送河南省建筑科学研究院有限公司(地址:郑州市金水区丰乐路4号,邮政编码:450053)。

主编单位:河南省建筑科学研究院有限公司

参编单位:郑州市工程质量监督站

河南建筑职业技术学院

周口公正建设工程检测咨询有限公司

郑州腾飞预拌商品混凝土有限公司

郑州恒基混凝土有限公司

荥阳市规划设计中心

北京煤科慧源环保科技有限公司

郑州新水工自动化设备有限公司

河南省崛起混凝土有限公司

郑州绿土达商品混凝土有限公司

主要起草人员：李美利　杜　沛　王立霞　张　顼

张光海　崔子阳　周　洋　张聚德

李　强　杨志伟　王平辉　付百中

薛学涛　焦建伟　周　战　孙红宾

武胜平　李江林　魏宏伟　张云雷

卢智学　吕　强　冯月月　刘　涛

米金玲　赵　威　王潘潘　刘传洋

周　浩　罗桂娟　时相卿　贾宪斌

王　晖

主要审查人员：胡伦坚　郭院成　白召军　唐碧凤

李　鹏　马淑霞　徐　博　魏　彦

目　　次

1 总 则

1.0.1 为规范河南省预拌混凝土和预拌砂浆厂(站)建设,保护城乡环境,促进节能减排,减少粉尘污染,做到技术先进,经济合理,特制定本规程。

1.0.2 本规程适用于河南省行政区域内预拌混凝土和预拌砂浆厂(站)的建设。

1.0.3 本规程所涉及的预拌混凝土和预拌砂浆厂(站),其运行管理应按照职责分工由相应的政府部门承担。

1.0.4 预拌混凝土和预拌砂浆厂(站)建设除应符合本规程的要求外,尚应符合国家现行有关标准的规定。

2 术　语

2.0.1　绿色生产 green production

在保证预拌混凝土和预拌砂浆质量的前提下,以节能、降耗、减污和环境保护为目标,依靠科学管理和技术手段,在预拌混凝土和预拌砂浆厂(站)的工艺设计、厂区建设、生产、运输、施工的过程中实现工业生产全过程污染控制,使污染排放最小化和资源利用最大化的生产方式。

2.0.2　预拌混凝土 ready-mixed concrete

由水泥、集料、水以及根据需要掺加的外加剂、矿物掺合料等组分按一定比例,在搅拌站经计量、拌制后出售的,并采用运输车在规定时间内运至使用地点的混凝土拌和物。

2.0.3　预拌砂浆　ready-mixed mortar

专业生产厂生产的湿拌砂浆或干混砂浆。

2.0.4　厂界 boundary

以法律文书确定的业主拥有使用权或所有权的场所或建筑物的边界。

2.0.5　生产性粉尘 industrial dust

预拌混凝土、砂浆生产过程中产生的总悬浮颗粒物、可吸入悬浮物和细颗粒物的总称。

2.0.6　无组织排放 unorganized emission

未经专用排放设备进行的、无规则的大气污染物排放。

2.0.7　总悬浮颗粒物 total suspended partical

环境空气中空气动力学当量直径不大于 100 μm 的颗粒物。

2.0.8　可吸入颗粒物 particulate matter under 10 microns

环境空气中空气动力学当量直径不大于 10 μm 的颗粒物。

2.0.9　细颗粒物 particulate matter under 2.5 microns

环境空气中空气动力学当量直径不大于 2.5 μm 的颗粒物。

3 基本规定

3.0.1 新建预拌混凝土和预拌砂浆厂(站)必须在建设前进行环境影响评价,企业建成必须经验收合格后方可生产。

3.0.2 在新建、改建、扩建预拌混凝土和预拌砂浆厂(站)时应严格将环保设施与生产设施同时设计、同时施工、同时投产。

3.0.3 预拌混凝土和预拌砂浆厂(站)应设置能够满足绿色生产管理要求的组织机构,配备相应的专业技术人员及检测设备,建立完善的绿色生产管理制度。

3.0.4 绿色生产管理过程中的各岗位人员应经过培训并经考核合格后方可上岗。

3.0.5 预拌混凝土厂(站)应按照合同约定和标准规定,组织好材料、设备、车辆等生产资料,科学生产、合理调度,防止质量事故的发生,减少废品量。

3.0.6 预拌混凝土和预拌砂浆在原材料选用、配合比设计、生产、运输、施工过程中应严格遵守相关规范和标准的要求。

4 设计要求

4.0.1 预拌混凝土生产企业的年生产规模应不低于年产 30 万 m^3。预拌砂浆生产企业的年生产规模应不低于年产 20 万 m^3。主要设备的生产能力应与工厂的规模相适应。

4.0.2 预拌混凝土和预拌砂浆厂(站)在工艺设计时应全面解决厂区生产、各种物料储备和厂内外运输的关系,堆场和储存库的容量应满足各种物料储存库的储存要求。储存库的容量应使生产有一定的机动性。

4.0.3 预拌混凝土和预拌砂浆厂(站)在进行设施设备选择时应充分考虑设施设备的智能化水平。

4.0.4 预拌混凝土和预拌砂浆厂(站)在进行设施设备选择和工艺布局时应充分重视扬尘、噪声、污水等的有效治理。

4.0.5 预拌混凝土和预拌砂浆厂(站)的工业布局应充分考虑设备的安装、操作、检修和通行的方便。

4.0.6 预拌混凝土和预拌砂浆厂(站)工业布局应做到生产流程顺畅、紧凑、简捷,并力求缩短物料的运输距离。

5 建设要求

5.1 厂址选择

5.1.1 厂址应符合规划、建设、土地利用和环保的要求。

5.1.2 厂址应避开环境敏感区,应距离集中居住区、商业区 1 km 以上。

5.1.3 厂址宜有利于生产过程中合理利用地方资源和产品的运输。

5.1.4 厂址不宜建在低洼地区,若地势处在低洼地区,则应建设排水渠道。

5.2 厂区要求

5.2.1 应充分利用地形条件,力求布置紧凑,节省用地面积。

5.2.2 建筑物、构筑物的距离应满足生产、消防、环保、卫生和采光的要求。

5.2.3 厂界周边宜设置围墙、声屏障或种植树木,并应符合安全和扬尘防治要求。

5.2.4 厂区应合理规划办公区、生产区和生活区,用绿化分隔区域,并应明显标识办公区、生产区和生活区。

5.2.5 厂区内所有道路、料场和停车场应采用混凝土硬化,其他绿化种植以外的空地应采取硬化措施。

5.2.6 厂区内宜设置循环行车路线,并设置导向、警示、位置标识。

5.2.7 厂区道路应保持完好和清洁,车辆在厂区行驶时无明显扬尘现象。

5.2.8 厂区应配备洒水车辆,定期冲洗,保持湿润,不得有粉尘堆积。

5.2.9 厂区绿化率应达到15%以上。

5.3 封闭作业要求

5.3.1 预拌混凝土和湿拌砂浆的搅拌主机和配料机应设在封闭的搅拌楼内。

5.3.2 干混砂浆的混合机应设置在封闭的厂房内。

5.3.3 烘干机应设置在封闭的厂房内。

5.3.4 骨料堆场应建成封闭式堆场。

5.3.5 骨料配料仓应采取封闭式筒仓。

5.3.6 骨料输送管道必须全密闭,运行时不得有通往大气的出口,严禁骨料输送过程中出现粉尘外泄。

6 生产工艺设备设施

6.1 一般规定

6.1.1 预拌混凝土和预拌砂浆厂(站)宜选用技术先进、低噪声、低能耗、低排放的搅拌、烘干和运输设备。

6.1.2 预拌混凝土和预拌砂浆的生产、运输设备宜使用清洁能源。

6.1.3 预拌混凝土和预拌砂浆生产设施应布置在厂区的上风向。

6.1.4 在搅拌楼前应留有足够的场地供运输车辆作业,并且厂区应有足够的场地供运输车辆停放。

6.1.5 实验室、调度室宜布置在搅拌楼与厂区大门的主通道附近。

6.1.6 生产区的危险设备和地段应设置醒目安全标识,安全标识的设定应符合现行国家标准《安全标志及其使用导则》GB 2894 的规定。

6.1.7 生产线的上料装置、料仓、工作及检修平台等涉及人身安全的部位,应设置防护措施。

6.1.8 生产线的传动部件应设置联锁断电装置和警示信号装置。

6.2 预拌混凝土和湿拌砂浆

6.2.1 搅拌站应配备收尘设施,并应设专人管理,定期保养或更换,以保持收尘设施正常使用。

6.2.2 搅拌站的搅拌层和称量层应设置冲洗装置,冲洗产生的废水应通过专用管道进入废水处置系统。

6.2.3 搅拌主机卸料口应配备防喷溅设施,地面生产废渣应及时清理,保持主机下料口下方的清洁。

6.2.4 布设在密闭搅拌站外的粉料筒仓及骨料筒仓必须配置脉冲式袋式除尘设施。除尘设施应有专人管理,定时清洁及更换滤芯(料),确保除尘设施正常运行。

6.2.5 粉料筒仓除吹灰管及除尘器外,不得再有通向大气的出口。吹灰管应采用硬式密闭接口,不得泄漏。

6.2.6 粉料筒仓上料口应配备密闭防尘设施,上料过程应有专人监控,防止粉料泄漏。

6.2.7 粉料筒仓应标识清晰并配备料位控制系统,料位控制系统应定期检查,确保料位控制系统正常运行。

6.2.8 骨料装卸、装运、配料应在室内完成。

6.2.9 骨料堆放场车辆进出口和卸料区应配置喷淋设施降尘或负压收尘等装置收尘。

6.2.10 骨料装卸宜采用布料机。

6.2.11 预拌混凝土和湿拌砂浆厂(站)应配备运输车清洗系统。

6.2.12 所有进出预拌混凝土和湿拌砂浆厂区的运输车辆应进行清洗,冲洗产生的废水宜通过专用管道进入废水处置系统。运输车辆出入厂区应外观清洁。

6.2.13 预拌混凝土和湿拌砂浆的运输车辆应按不超过规定装载量装运,料斗应及时清理并有防撒漏措施,确保运输过程中不得撒漏。

6.2.14 预拌混凝土和湿拌砂浆的运输车辆应装有卫星定位系统,并将车辆的相关信息实时上传至当地管理机构。

6.3 干混砂浆

6.3.1 储料筒仓应符合下列规定:

    1 应配置料位指示器,宜采用在线料位显示。

2 应配置破拱装置,筒仓底部出料口应配置阀门。

3 筒仓上应有通气孔,并应根据储存物料性质设置收尘装置。

6.3.2 机制砂系统应符合下列规定:

1 机制砂系统应建在厂房内,并应设置配套的收尘系统。

2 机制砂系统分离出来的石粉应采用封闭的筒仓存放。

6.3.3 烘干系统应符合下列规定:

1 应设置单独的车间,并应配置独立的收尘系统。

2 烘干系统收尘器分离出来的粉料,应根据性能特点,设计相应的处理措施。

6.3.4 干砂分级系统应符合下列规定:

1 分级系统宜采用机械筛分结合气流分级的工艺。

2 分级系统应配置收尘系统。收尘器中的粉料,应有合理的处置方案。

6.3.5 收尘系统应符合下列规定:

1 生产线应配置收尘装置。

2 收尘装置宜采用中央集中收尘和分散点收尘相结合的方式。

3 收尘能力应与生产线的粉尘排放量相匹配。

6.3.6 干混砂浆的运输车应具有收尘功能。

7 控制要求

7.1 原材料

7.1.1 原材料的运输、装卸和存放应采取降低噪声和粉尘的措施。

7.1.2 原材料的运输应保持清洁卫生,符合环境卫生要求。

7.1.3 干混砂浆生产用细骨料宜采用机制砂和建筑垃圾再生细骨料。

7.1.4 预拌混凝土和湿拌砂浆宜采用机制砂和建筑垃圾再生细骨料或其与天然砂混合的混合砂。

7.1.5 由混凝土和砂浆回收系统分离出的砂、石应直接送至料仓,分类用于预拌混凝土和预拌砂浆的生产。

7.2 生产废水和废浆

7.2.1 预拌混凝土和预拌砂浆厂(站)应配备完善的生产废水处置系统,可包括混凝土和砂浆回收系统、排水沟系统、多级沉淀池系统和管道系统。排水沟系统应覆盖连通所有生产废水排放的区域,并与多级沉淀池连接;管道系统可连通多级沉淀池和搅拌主机。由混凝土和砂浆回收系统分离出的粉料应全部随水进入沉淀池或废浆罐中。

7.2.2 当采用压滤机对废浆进行处理时,压滤后的废水应通过专用管道进入生产废水回收利用装置,压滤后的固体应做无害化处理。

7.2.3 经沉淀或压滤处理的生产废水用作混凝土或砂浆拌和用

水时,应符合下列规定:

　　1　与取代的其他混凝土拌和用水按实际生产用水比例混合后,水质应符合现行行业标准《混凝土用水标准》JGJ 63 的规定,掺量应通过混凝土试配确定。

　　2　生产废水应经专用管道和计量装置输入搅拌主机。

　　3　生产废水宜在 24 h 混凝土或砂浆生产中平均使用。

7.2.4　经沉淀或压滤处理的生产废水可用于硬化地面降尘和生产设备冲洗。

7.2.5　废浆用于混凝土和砂浆生产时,应符合下列规定:

　　1　混凝土和砂浆生产时可掺入废浆,废浆的用量应通过试配确定。废浆中的水计入混凝土或砂浆用水量,废浆中的固体含量计入胶凝材料用量。

　　2　进入搅拌主机的废浆其固体颗粒分散应均匀,其浓度宜可控。

　　3　废浆宜在 24 h 混凝土或砂浆生产中平均使用。

　　4　应检测每天不同时间段废浆中固体颗粒含量,并根据废浆中固体颗粒含量的变化调整废浆的掺入量。

7.2.6　预拌混凝土和预拌砂浆厂(站)在生产过程中,不得向厂界以外直接排放生产废水和废弃混凝土及砂浆。

7.3　噪　声

7.3.1　预拌混凝土和预拌砂浆厂(站)应选用低噪声的生产设备,并应对产生噪声的主要设备设施进行降噪处理。

7.3.2　搅拌站或生产线临近居民区时,应在对应厂界安装隔声装置。

7.3.3　预拌混凝土和预拌砂浆厂(站)的所有噪声源在工作时的噪声应符合国家现行标准《声环境质量标准》GB 3096 和《工业企业厂界环境噪声排放标准》GB 12348 的要求。

7.4 粉 尘

7.4.1 预拌混凝土和预拌砂浆厂(站)应建立扬尘污染防治制度,按区域实行挂牌负责制,责任到人。

7.4.2 严禁擅自停运、拆除扬尘防治设施。

7.4.3 预拌混凝土和预拌砂浆厂(站)应安装扬尘监控设备,当PM2.5和PM10发出预警时,应立即采取控制措施。

7.4.4 当《河南省重污染天气应急预案》启动Ⅱ级(橙色)以上预警时,预拌混凝土和预拌砂浆厂(站)应采取减产、限产等措施,减轻空气污染。

7.4.5 预拌混凝土和预拌砂浆厂(站)厂界环境空气功能区类别划分和环境空气污染物中的总悬浮颗粒物、可吸入颗粒物和细颗粒物的浓度控制要求应符合表7.4.5的规定。厂界平均浓度差值应符合下列规定:

    1 厂界平均浓度差值应是在厂界处测试1 h颗粒物平均浓度与当地发布的当日24 h颗粒物平均浓度的差值。

    2 当地不发布或发布值不符合预拌混凝土和预拌砂浆厂(站)所处实际环境时,厂界平均浓度差值应采用在厂界处测试1 h颗粒物平均浓度与参照点当日24 h颗粒物平均浓度的差值。

表7.4.5 总悬浮颗粒物、可吸入颗粒物和细颗粒物的浓度控制要求

污染项目	测试时间	厂界平均浓度差值最大限值($\mu g/m^3$)	
		自然保护区、风景名胜区和其他需要特殊保护的区域	居住区、商业交通居民混合区、文化区、工业区和农村地区
总悬浮颗粒物	1 h	120	300
可吸入颗粒物	1 h	50	150
细颗粒物	1 h	35	75

7.4.6 厂区内生产时段无组织排放总悬浮颗粒物的 1 h 平均浓度应符合下列规定：

  1 混凝土、砂浆的计量层和搅拌层不应大于 1 000 μg/m³。

  2 骨料堆场不应大于 800 μg/m³。

  3 操作间、办公区和生活区不应大于 400 μg/m³。

8 监测控制

8.0.1 预拌混凝土和预拌砂浆厂(站)监测控制对象应包括生产性粉尘和噪声。当生产废水和废浆用于制备混凝土或砂浆时,监测控制对象尚应包括生产废水和废浆。预拌混凝土和砂浆绿色生产应编制对生产废水、废浆、生产性粉尘和噪声监测控制方案,并针对生产废水、噪声和生产性粉尘定期委托第三方进行监测,监测时间应选择满负荷生产时段,监测频率最小限值应符合表8.0.1的规定,检测结果应符合本规程第7章的规定。

表8.0.1 生产废水、噪声和生产性粉尘监测频率最小限值

监测频率 监测对象	第三方监测(次/年)
生产废水	1
噪声	2
生产性粉尘	2

8.0.2 生产废水的检测方法应符合现行行业标准《混凝土用水标准》JGJ 63 的规定。

8.0.3 废浆的含固量检测方法应按现行国家标准《混凝土外加剂匀质性试验方法》GB/T 8077 的规定进行。

8.0.4 生产性粉尘排放的测点分布和检测方法除应符合国家现行标准《大气污染物无组织排放监测技术导则》HJ/T 55、《环境空气 总悬浮颗粒物的测定 重量法》GB/T 15432 和《环境空气 PM10 和 PM2.5 的测定 重量法》HJ 618 的规定外,尚应符合下列规定:

1 当监测厂界生产性粉尘排放时,应在厂界外 20 m 处、下风口方向均匀设置两个以上监控点,并应包括受被测粉尘源影响大的位置,各监控点应分别监测 1 h 平均值,并应单独评价。

2 当监测厂内生产性粉尘排放时,当日 24 h 细颗粒物平均浓度值不应大于 75 μg/m³,应在厂区的料场、搅拌站搅拌层、干混砂浆混料层、称量层、办公和生活等区域设置监控点,各监控点应分别监测 1 h 平均值,并应单独评价。

3 当监测参照点大气污染物浓度时,应在上风口方向且距离厂界 50 m 位置均匀设置两个以上参照点,各参照点应分别监测 24 h 平均值,取算术平均值作为参照点当日 24 h 颗粒物平均浓度。

本规程用词说明

1 执行本规程条文时,对要求严格程度不同的用词说明如下:

(1)表示很严格,非这样不可的用词:

正面词采用"必须";反面词采用"严禁";

(2)表示严格,在正常情况下均应这样做的用词:

正面词采用"应";反面词采用"不应"或"不得";

(3)表示允许稍有选择,在条件许可时首先应这样做的用词:

正面词采用"宜";反面词采用"不宜";

(4)表示有选择,在一定条件下可以这样做的,采用"可"。

2 条文中指明应按其他有关标准、规范执行时,写法为"应按……执行"或"应符合……要求或规定"。

引用标准名录

1 《安全标志及其使用导则》GB 2894
2 《环境空气质量标准》GB 3095
3 《声环境质量标准》GB 3096
4 《工业企业厂界环境噪声排放标准》GB 12348
5 《水泥工业大气污染物排放标准》GB 4915
6 《混凝土外加剂匀质性试验方法》GB/T 8077
7 《环境空气 总悬浮颗粒物的测定 重量法》GB/T 15432
8 《预拌砂浆术语》GB/T 31245
9 《预拌砂浆》GB/T 25181
10 《预拌混凝土绿色生产及管理技术规程》JGJ/T 328
11 《混凝土用水标准》JGJ 63
12 《干混砂浆生产工艺与应用技术规范》JC/T 2089
13 《大气污染物无组织排放监测技术导则》HJ/T 55
14 《环境空气 PM10 和 PM2.5 的测定 重量法》HJ 618
15 《公路工程技术标准》JTG B01

河南省工程建设标准

预拌混凝土和预拌砂浆厂（站）建设
技术规程

Technical specification for plant construction
of ready-mixed concrete and mortar

DBJ41/T 165—2016

条 文 说 明

目　次

1 总 则

1.0.1 本条文说明了制定本规程的目的。

预拌混凝土和预拌砂浆是由专业生产厂生产,采用绿色建设技术,可以保证混凝土和砂浆的质量,降低混凝土和砂浆成本,促进节能减排,减少粉尘污染,并保护城乡环境,对于我省混凝土和预拌砂浆行业健康发展具有重要意义。

1.0.2 本条说明了规程的适用范围。

2 术 语

2.0.3 《预拌砂浆术语》GB/T 31245 将预拌砂浆定义为:专业生产厂生产的湿拌砂浆或干混砂浆。结合河南省预拌砂浆发展现状,生产厂家、用户等也习惯于将预拌砂浆分为湿拌砂浆和干混砂浆,因此本规程等同采用了《预拌砂浆术语》GB/T 31245 对预拌砂浆的定义。

2.0.4 现行国家标准《工业企业厂界环境噪声排放标准》GB 12348 中对"厂界"的定义为:由法律文书(如土地使用证、房产证、租赁合同等)中确定的业主所拥有使用权(或所有权)的场所或建筑物的边界。各种产生噪声的固定设备的厂界为其实际占地的边界,本规程基本等同采用。

2.0.5 在生产过程中形成的粉尘,按粉尘的性质分为:无机粉尘、有机粉尘和混合性粉尘。预拌混凝土和预拌砂浆生产过程中主要产生无机粉尘。本规程生产性粉尘是指预拌混凝土和预拌砂浆生产过程中产生的总悬浮颗粒物、可吸入颗粒物和细颗粒物的总称。

2.0.6 预拌混凝土和预拌砂浆生产企业的大气污染物排放方式主要是无组织排放。

2.0.7～2.0.9 现行国家标准《环境空气质量标准》GB 3095 分别规定了"总悬浮颗粒物""可吸入颗粒物"和"细颗粒物"术语,本规程等同采用。

3 基本规定

3.0.1 环境影响评价应当由具有相应资质的第三方监测评价机构承担。

3.0.3 预拌混凝土和预拌砂浆厂(站)应采取相应的职业健康、安全生产和环境保护措施,保证人员的健康安全和现场的文明整洁。预拌混凝土和预拌砂浆厂(站)应建立完善的生产管理组织机构,制定相应的生产管理责任制度,定期开展自检、考核和评比工作。

3.0.4 预拌混凝土和预拌砂浆厂(站)应组织绿色生产管理教育培训,增强各岗位人员的绿色生产管理和安全生产意识。岗位培训可以是企业内部组织的,也可以是外部相关机构组织的专项培训。

3.0.5 针对目前混凝土企业对混凝土凝结时间、坍落度损失控制不严,导致混凝土到达施工现场无法施工的现象,特制订了本条。

4 设计要求

4.0.1 预拌混凝土和预拌砂浆厂(站)的生产规模是保证混凝土和砂浆质量的前提,为了确保混凝土和砂浆质量稳定、可靠,本条规定预拌混凝土生产企业的年生产规模应达到年产 30 万 m³,预拌砂浆生产企业的年生产规模应达到年产 20 万 m³。为了节约投资,又能满足生产规模的要求,搅拌机的生产能力、骨料和粉料的输送能力和料仓的储存能力等应与工厂的生产规模相适应。

4.0.2 预拌混凝土和预拌砂浆厂(站)生产厂区存在各种运输,因此预拌混凝土和预拌砂浆在工艺设计时应全面解决厂区生产、各种物料储备和厂内外运输的关系,从而尽可能避免物流交叉。各种堆场和储存库的容量应满足各种物料储存库的储存要求,储存库的要求应使生产有一定的机动性,以利于工厂连续均衡生产。

4.0.3 智能化是所有机械设备的最终发展方向,因此在选择预拌混凝土和预拌砂浆生产的设施和设备时,应选择智能化水平高的设施设备。

4.0.4 扬尘、噪声、污水是预拌混凝土和预拌砂浆生产企业造成环境污染的三个主要方面,因此在预拌混凝土和预拌砂浆厂(站)的设计阶段就要在这三个方面加以改进和提高。应选用低噪声、低能耗、低排放等技术先进的生产、运输、泵送、试验等仪器设备,严禁使用国家明令禁止的淘汰设备。

4.0.6 合理的工艺布局可以缩短物料的运输距离,还应充分考虑人流、物流自然流畅,不交叉。

5 建设要求

5.1 厂址选择

5.1.1 新、扩建企业应在建设前向所在区（县、市）规划和建设主管部门提出相关申请和材料，并应符合所在区域土地利用和环境保护要求。

5.1.2 集中居住区指的是居民小区或自然村。考虑到粉尘、污水排放及运输对居民小区的影响，新、扩建企业应距离集中居住区、商业区 1 km 以上。

5.1.3 厂址选择时应考虑原材料及产品运输距离对成本的影响，减少运输过程的碳排放并降低运输成本。

5.2 厂区要求

5.2.3 设置围墙和声屏障或种植乔木和灌木均可降低粉尘和噪声传播，而且绿化带还可以有效地规范引导人员和车辆的流动。

5.2.4 预拌混凝土和预拌砂浆厂（站）应将厂区划分为办公区、生产区和生活区，以降低生产过程产生的噪声和粉尘对生活和办公活动的影响。

5.2.5 道路硬化是减少道路扬尘的基本要求，为了保证道路的质量和耐久性，其设计施工可参考现行行业标准《公路工程技术标准》JTG B01 的要求进行。

5.2.6 厂区建设时应合理设置厂区的道路，做到各种运输互不干扰，考虑到穿插区域的交通安全及便捷，宜设置成循环行车路线。有条件的单位可以设置两个大门。

5.2.7 厂区道路的硬化路面如出现破损应及时进行养护整修。另外,厂区内车辆行驶易引起扬尘,因此在厂区内应控制生产车辆的行驶速度,一般保证 5～10 km/h 为宜。

5.2.8 应保持厂区卫生清洁,厂区不得有粉尘堆积,并应定期洒水,保持路面湿润。

5.2.9 厂区绿化除保持生态平衡和保持环境作用外,还可以起到降低噪声和减少粉尘排放的目的,因此要求企业厂区绿化率应不低于 15%。

5.3 封闭作业要求

5.3.1～5.3.6 生产性粉尘和噪声排放达到标准要求是预拌混凝土和预拌砂浆厂(站)的主要控制目标,因此预拌混凝土和湿拌砂浆的搅拌主机和配料机、干混砂浆的混合机、干燥干混砂浆用砂的烘干机、骨料堆场、骨料配料仓、骨料输送管道应采用整体封闭的方式,进行全封闭。

6 生产工艺设备设施

6.1 一般规定

6.1.1 噪声和粉尘排放,以及碳排放和最终产品的质量均与设备密切相关,因此预拌混凝土和预拌砂浆厂(站)应优选采购技术先进、低噪声、低能耗、低排放的绿色环保设备。

6.1.2 清洁能源是指在生产和使用过程中,不产生有害物质排放的能源。包括可再生的、消耗后可得到恢复的,或非再生的(如风能、水能、天然气等)及经洁净处理过的能源。禁止生产中使用煤作为燃料。

6.1.6 对生产区的危险设备和地段设置安全标识,可提高安全生产水平。

6.1.7 对生产线的上料装置、料仓、工作及检修平台等涉及人身安全的部位设置防护措施是保证生产人员人身安全的重要手段。

6.1.8 对生产线的传动部件设置联锁断电装置和警示信号装置可以确保生产人员不受伤害。

6.2 预拌混凝土和湿拌砂浆

6.2.1 对粉料筒仓顶部、粉料储料斗、搅拌机进料口安装除尘装置可以避免粉尘的外泄,滤芯等易损装置应定期保养和更换。水泥和矿物掺合料可以单独进行粉尘收集,收集后的粉尘,通过管道和计量装置进入搅拌机,分别可以作为水泥和粉煤灰循环利用。

6.2.2 搅拌站的搅拌层和称量层是粉尘较多的区域,配置冲洗装置,及时清除粉尘,以保证搅拌层和称量层干净卫生。冲洗产生的废水应进入废水处置系统实现循环利用。

6.2.3 搅拌主机卸料口配备防喷溅设施,以防止混凝土喷溅,对于喷溅混凝土应及时清理,保持地面和墙壁的清洁。

6.2.4 粉料筒仓的仓顶除尘装置应一月清理滤芯一次,1~2年更换,并有保养及更换记录。集料斗除尘装置应半年或3~5万 m³ 更换一次,并有更换记录。

6.2.7 粉料仓是储存水泥和矿物掺合料的各种筒仓,标识清晰可以避免材料误用,粉料仓应设专人管理。配备料位控制系统,并定期检查维护,有利于原材料的管理。

6.2.8 骨料装卸、转运、配料在室内完成,可以降低噪声和减少扬尘,并能够避免雨雪对骨料质量的影响。

6.2.9 骨料堆放场车辆进出口和卸料区是扬尘的重点区域,为了减少粉尘污染,应配置喷淋设施降尘或负压收尘等装置收尘。

6.2.10 采用布料机装卸砂、石,有利于噪声控制。砂、石装卸作业宜采用静音装载机。

6.2.11 预拌混凝土和湿拌砂浆厂(站)应配备运输车清洗装置,实现运输车辆的自动清洗。

6.2.12 及时清洗运输车辆,以达到车辆外观清洁卫生的标准,严禁车轮带泥上路。冲洗产生的废水应进入废水处置系统,实现废水循环利用。

6.2.14 采用 BDS 或 GPS 可以避免交通拥挤,提高车辆的利用率,降低运输成本。

6.3 干混砂浆

6.3.1 本条对储料筒仓作出了规定。

　　3 筒仓应根据储存物料性质合理设置通气孔、收尘器、安全阀等,粉尘不得外溢。

6.3.2 本条对机制砂系统作出了规定。

1 制砂机噪声大,建在厂房内,可以降低噪声。机制砂系统粉尘多,因此应设置配套的收尘系统。

2 机制砂系统分离出来的石粉多,不能全部用于干混砂浆的生产,因此多余的石粉应采用封闭的筒仓存放,并应得到合理的应用,不能成为污染源。

6.3.3 本条对烘干系统作出了规定。

2 烘干系统收集的粉料,应根据性能特点,能够用于生产干混砂浆的,可以混合到干砂中使用,不能使用的粉料,应进行有效的处置。

6.3.4 本条对干砂分级系统作出了规定。

2 分级系统收集的粉料,宜单独存放,并应合理利用。

6.3.6 具有收尘功能的干混砂浆运输车可以有效减少施工现场的扬尘,因此应采用具有收尘功能的干混砂浆运输车运输干混砂浆。

7 控制要求

7.1 原材料

7.1.1 容易扬尘和洒落的原材料在运输过程中应封闭或遮盖。装卸砂、石应采用低噪声装载机。

7.1.3 天然砂普遍含水率大,为了降低烘干天然砂的能源消耗,减少天然砂资源的使用,保护环境,鼓励采用机制砂和建筑垃圾再生细骨料生产干混砂浆。

7.1.4 为了改善单独采用机制砂生产的预拌混凝土和湿拌砂浆的流动性,降低天然砂资源的消耗,鼓励采用机制砂和建筑垃圾再生细骨料或其与天然砂混合的混合砂生产预拌混凝土和湿拌砂浆。

7.2 生产废水和废浆

7.2.1 完善的生产废水处置系统,是生产废水有效处理和再利用的关键,因此预拌混凝土和预拌砂浆厂(站)应配备完善的生产废水处置系统。管道系统连通多级沉淀池和搅拌主机,有利于废水的再利用。

7.2.2 利用压滤机处置生产废浆,有利于废水的回收利用,也是对压滤后的固体进行无害化处理的有效方法。

7.2.3 本条规定了经沉淀或压滤处理的生产废水用作混凝土或砂浆拌和用水时的质量要求和使用方法。

7.2.4 使用经沉淀或压滤处理的生产废水降尘和冲洗设备,可以大幅提高节水效果。因此,鼓励生产企业利用生产废水降尘和冲洗设备。

7.2.5 本条对废浆用于混凝土和砂浆生产作出了规定。

1 废浆中除了水,其固体成分主要是已水化和未水化的胶凝材料和外加剂,在较短的时间内使用,对混凝土和砂浆的质量影响很小,因此可以计入胶凝材料总量之中。但是,由于已水化的胶凝材料不能再发挥胶凝材料的作用,以及废浆中少量的泥,会对混凝土或砂浆产生不利影响,所以废浆的用量应通过试配确定。

2 为了保证固体成分掺入量的准确,在掺用废浆前,应采用均化装置将废浆中的固体颗粒分散均匀。宜采用能够控制泥浆浓度的混凝土或砂浆回收系统。

3 废浆中的胶凝材料随时间会不断水化,因此废浆应在较短的时间内使用完毕。为了保证混凝土或砂浆的质量稳定,废浆宜在 24 h 混凝土或砂浆生产中平均使用。

4 因为洗车并非 24 h 均匀清洗,因此废浆的浓度 24 h 内并非固定,所以应检测每天不同时间段废浆中固体颗粒含量,并根据废浆中固体颗粒含量的变化调整废浆的掺入量,从而保证混凝土和砂浆的质量稳定。

7.3 噪 声

7.3.1 购买搅拌机、装载机等噪声相对较大的设备时应考虑选用低噪声的设备。为了降低噪声对人员的影响,生产企业应对搅拌机、装载机等主要设备设施进行降噪处理。粉料卸车时一般会产生较大的噪声,预拌混凝土和预拌砂浆厂(站)应采取有效措施降低噪声对环境的影响。

7.3.3 国家现行标准《声环境质量标准》GB 3096 和《工业企业厂界环境噪声排放标准》GB 12348 均详细规定了噪声要求。预拌混凝土和预拌砂浆厂(站)应对噪声进行有效控制并达到相关标准要求。应确定厂界和厂区内声环境功能区类别,制订噪声区域方案和绘制噪声区划图,并针对不同区域要求,建立监测网络和制度,最终实现有效控制噪声的目的。

7.4 粉 尘

7.4.1 制度是对人行为方面的约束,改善大气环境质量,保障群众健康是当前和以后政府的目标,为了将扬尘污染防治落实到位,预拌混凝土和预拌砂浆厂(站)应建立扬尘污染防治制度,严格按制度规定执行,责任到人,对未能按制度要求执行的,应予以处罚。

7.4.4 企业应有社会责任意识,遇到重污染天气,应主动减产、限产,从而减轻空气污染,确保人民的健康。

7.4.5 本条采用现行行业标准《预拌混凝土绿色生产及管理技术规程》JGJ/T 328 规定的指标。

8 监测控制

8.0.1 预拌混凝土和预拌砂浆厂(站)应具备生产性粉尘、噪声、生产废水和废浆自我监测能力。当生产废水和废浆用于制备混凝土或砂浆时,才需要对生产废水和废浆进行监测。当生产废水用于路面除尘,清洗设备时,则不需要监测。废浆不用于再生产时,也不需要监测,但其作为固体废弃物被处置时,必须有处置记录。预拌混凝土和预拌砂浆厂(站)编制的控制方案应包括监测对象、控制目标、监测方法、人员职责、监测记录、监测结果和应急预案等内容。

8.0.2 本条规定了生产废水的检测方法。

8.0.3 本条规定了废浆的含固量检测方法。

8.0.4 本条规定了生产性粉尘监测的测点分布和监测方法。粉尘监测报告应注明当天气象条件和混凝土、砂浆的生产情况,并绘制测点分布图。